Made in the USA
Monee, IL
07 November 2026

68085975R00057